恐龙秘密档案 _{系列}

THE DINOSAUR SECRET FILES

侏罗纪 I

JURASSIC I

北视国出版策划团队　编

浙江摄影出版社

责任编辑　姚成丽

责任校对　高余朵

责任印制　朱圣学

图书在版编目（CIP）数据

侏罗纪.1 / 北视国出版策划团队编. –– 杭州：浙
江摄影出版社, 2016.3
　（恐龙秘密档案系列）
　ISBN 978-7-5514-1300-8

　Ⅰ.①侏…　Ⅱ.①北…　Ⅲ.①恐龙－儿童读物　Ⅳ.
①Q915.864-49

中国版本图书馆CIP数据核字（2015）第315858号

侏罗纪 Ⅰ

（恐龙秘密档案系列）
北视国出版策划团队　编

全国百佳图书出版单位
浙江摄影出版社出版发行
　　　地址：杭州市体育场路 347 号
　　　邮编：310006
　　　网址：www.photo.zjcb.com
　　　电话：0571-85151350
　　　传真：0571-85159574
经销：全国新华书店
制版：北京北视国文化传媒有限公司
印刷：北京彩和坊印刷有限公司
开本：710×960　1/12
印张：3
2016 年 3 月第 1 版　　2016 年 3 月第 1 次印刷
ISBN 978-7-5514-1300-8
定价：15.00 元

目录

欧罗巴龙

档案号：ZLJ01
案卷名：欧罗巴龙
编制单位：中华恐龙研究小组
编制日期：2020/10/10
保存期限：永远
神秘级别：☆☆☆☆

中文名：欧罗巴龙
拉丁学名：EUROPASAURUS
体长：1.7～6.3米
食性：植食
生活年代：侏罗纪晚期
化石发现地：德国

身体特征

胸肩峰明显地往后

鼻额较短、顶骨的后面呈长方形

颈椎椎体的后背缘有中等大小凹口

鄂口较短，方额鄂与鳞骨接触

上下　前后
横宽
距骨

距骨的横宽是它（距骨）上下高度、前后长度的两倍

生存环境

欧罗巴龙生活在德国北部的下萨克森盆地。

名字的含义

欧罗巴龙的拉丁学名为EUROPASAURUS，意思是"欧罗巴蜥蜴"。

恐龙侦探

欧罗巴龙的化石都发现于德国下萨克森州哥斯拉镇附近的LANGENBERG采石场，种名是以发现者HOLGER LUDTKE为名。

它有多长？

欧罗巴龙的身长有1.7～6.3米。

禄丰龙

档案号：ZLJ02
案卷名：禄丰龙
编制单位：中华恐龙研究小组
编制日期：2020/10/10
保存期限：永远
神秘级别：☆☆☆☆☆

中文名：禄丰龙
拉丁学名：
LUFENGOSAURUS
体长：5~6米
身高：约2米
食性：植食
生活年代：侏罗纪早期
化石发现地：中国云南省禄丰县

它来自中国

禄丰龙是在中国找到的第一具完整的恐龙化石，它的名字就是以发现地——中国云南省禄丰县而命名的。

它有多大？

成年的禄丰龙身长约五米，站立时两米多高，比今天的牛大不了多少。

身体特征

它的头很小，脚上有趾，趾端有粗大的爪。前肢短小，有五指。鼻孔呈三角形，眼眶大而圆，脖子较长，脊椎粗壮，尾巴很长。肩胛骨细长，胸骨发达，肠骨短，耻骨和坐骨均细弱。

大尾巴作用大

禄丰龙身后有一条粗壮的大尾巴，站立时，可以用来支撑身体，帮助头和脖子抬起，这种行为很像今天的袋鼠。

奇特的睡觉方式

把长尾巴拖到地上，和两条后腿构成一个三角支架，然后闭上眼睛打盹儿。

日常小菜单

水边的鲜嫩细柔植物，树上的鲜枝嫩叶。

警惕性高

禄丰龙行走时，不停地东张西望，警惕地观察周围的动静，一旦发现危险，就躲进密林深处。

行走方式

四足并用，弓背而行。

恐龙侦探

1938年，中国古生物学家杨钟健先生在云南禄丰盆地发掘出了中国第一具恐龙化石标本，后被命名为"许氏禄丰龙"。

禄丰龙邮票

1958年，中国国家邮政总局发行了《禄丰龙纪念邮票》，这是世界上第一枚恐龙邮票。

斑龙

档案号：ZLJ03
案卷名：斑龙
编制单位：中华恐龙研究小组
编制日期：2020/10/10
保存期限：永远
神秘级别：☆☆☆

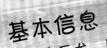

基本信息

中文名：斑龙（又名巨龙、巨齿龙）

拉丁学名：MEGALOSAURUS

体长：约9米　食性：肉食

生活年代：侏罗纪晚期

化石发现地：英格兰南部、法国、葡萄牙

身体特征

头部相当大，它的长尾巴可平衡身体与头部，颈部非常灵活，后肢大且充满肌肉，可以支撑身体的重量，脚掌有一个往后的脚趾和三个往前的脚趾。

名字的含义

斑龙的拉丁学名为MEGALOSAURUS，意思是"采石场的大蜥蜴"。

日常小菜单

斑龙可能猎食剑龙类与蜥脚类恐龙。

斑龙与《荒凉山庄》

英国作家查尔斯·狄更斯在他的小说《荒凉山庄》中，提到了斑龙。

形象出镜率

在20世纪90年代，美国ABC频道曾推出一部名为《恐龙》的电视节目，其中父亲的角色EARLSINCLAIR就是一只斑龙。

恐龙侦探

1824年，英国地质学家巴克兰发表了世界上第一篇有关恐龙的科学报告，报告主要介绍了一块在采石场采集到的恐龙下颌化石，这正是斑龙的化石。

双脊龙

档案号：ZLJO4
案卷名：双脊龙
编制单位：中华恐龙研究小组
编制日期：2020/10/10
保存期限：永远
神秘级别：☆☆

中文名：双脊龙（又名双冠龙）
拉丁学名：DILOPHOSAURUS
体长：约6米
身高：约2.4米
食性：肉食
生活年代：侏罗纪早期
化石发现地：美国亚利桑那州、
中国云南省禄丰县

神奇的骨冠

头顶上长着一对新月形的巨大骨冠。

作用：吸引异性，如同雄性鸟类鲜艳的羽毛。

日常小菜单

动物尸体、小蜥蜴、昆虫。

骨骼特征

整个身体骨架极细，下颌骨狭长，上下颌
都长着锐利的牙齿；前肢短小，后肢比较长，
耻骨占了很大的比例。

生活习性

双脊龙能够飞速地追逐植食性恐龙。在追到猎物后，会用脚趾和手指上的利爪抓紧食物。

形象出镜率

在电影《侏罗纪公园》中，双脊龙被刻画成一只会喷射毒液的恐龙。游戏《失落的世界：侏罗纪公园》中，也有双脊龙的形象出现。美国电视节目《恐龙纪元》中也出现了一只双脊龙，该双脊龙将一只近蜥龙杀死，并吓走一群和踝龙。

中国双脊龙化石存放地

香港科学馆

恐龙侦探

1943年，美国古生物学家塞缪尔·威尔斯发现了第一个双脊龙标本，之后把它命名为"双脊龙"。

美颌龙

档案号：ZLJ05
案卷名：美颌龙
编制单位：中华恐龙研究小组
编制日期：2020/10/10
保存期限：永远
神秘级别：☆☆

基本信息

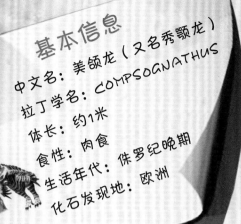

中文名：美颌龙（又名秀颚龙）

拉丁学名：COMPSOGNATHUS

体长：约1米

食性：肉食

生活年代：侏罗纪晚期

化石发现地：欧洲

身体特征

有着长的后肢及尾巴，长尾巴可在移动时平衡身体

头颅骨细致、窄长，鼻端呈锥形

下颌修长，牙齿小而锋利

前肢比后肢小，手掌有三指，都有利爪

小型、双足行走的恐龙

谁是它的近亲？

始祖鸟是美颌龙的近亲。

（始祖鸟）

日常小菜单

美颌龙的下颚不是很有力量，因此不喜欢吃坚硬的食物，它比较喜欢吃昆虫、小蜥蜴等。

17

它有多大？

美颌龙跟火鸡差不多大小。

敏捷的捕食者

奔跑速度快，目光锐利，能够迅速追上猎物，并吞进肚子。

生活环境

侏罗纪晚期，欧洲是一片干旱及热带的群岛，位于古地中海的边缘，美颌龙在这里繁衍生息。

形象出镜率

在电影《侏罗纪公园：失落的世界》和《侏罗纪公园3》中，美颌龙都有出现。

恐龙侦探

1850年，人们在巴伐利亚的索侯芬石灰岩中发现了美颌龙标本；1896年，古生物学家奥塞内尔·查利斯·马什确认这些化石为恐龙的成员。

畸齿龙

档案号：ZLJ06
案卷名：畸齿龙
编制单位：中华恐龙研究小组
编制日期：2020/10/10
保存期限：永远
神秘级别：★☆☆☆☆

中文名：畸齿龙

拉丁学名：HETERODONTOSAURUS

体长：约1米

食性：植食

生活年代：侏罗纪早期

化石发现地：非洲、亚洲

身体特征

头骨较小，上面有
一个颌关节

用两只后足行走，
行动敏捷

——前齿骨分裂开，没有牙齿

上下颌的边缘
长有小牙齿

耻骨与坐骨平行
并相连接

手掌的特殊结构

手掌有五个手指头，其中两个似乎是对应的，这种结构可让畸齿龙紧握并操作食物。

特别的牙齿

有三种不同的牙齿：尖利的牙齿用于咬断树叶，个头较大的牙齿用于磨碎食物，弯曲的猿牙可能是打斗武器。

日常小菜单

畸齿龙以树叶为食。

畸齿龙化石图

走路形态

像用两条腿蹦着走的豪猪。

形象出镜率

在动画片《恐龙总动员》中，畸齿龙频繁出现，有时候是在保卫自己的爱情，有时候是在抢夺食物，有时候是在和其他恐龙进行战斗。

与人类大小的比较

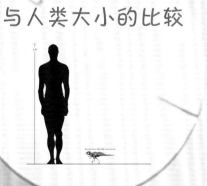

近蜥龙

档案号：ZLJ07
案卷名：近蜥龙
编制单位：中华恐龙研究小组
编制日期：2020/10/10
保存期限：永远
神秘级别：☆☆☆☆☆

基本信息

中文名：近蜥龙（又名兀龙、安琪龙）

拉丁学名：ANCHISAURUS

体长：约1.7米

食性：植食

体重：约70千克

生活年代：侏罗纪早期

化石发现地：美国、南非、中国

身体特征

前额部分的斜面相对较为平缓

脑袋近似三角形，头顶显得扁平

鼻腔细长

牙齿呈钻石形，很适合于取食树叶

脖子、身体和尾巴都比较长

前肢掌上长着带有大爪子能弯曲的拇指

日常小菜单

植物，地下的根茎、树叶。

名字的含义

近蜥龙的拉丁学名为ANCHISAURUS，意思是"接近于蜥龙的爬行动物"。

御敌方法

近蜥龙的最大威胁来自一些大型的兽脚类恐龙，一旦遇到它们，它首先会依靠后肢急忙躲开，如果逃不走，它就依靠自己的大爪奋力一搏。

行走姿态

它在走路时，身体向前倾，因为身体前端比较沉重，需要短而粗壮的前肢来支撑着头部、颈部和胸部；同时，它还会把前肢拇指的爪提起，以免与地面摩擦受损。

生活习性

在侏罗纪早期，气候温暖湿润，近蜥龙经常在湖边活动并寻找食物。

近蜥龙的足迹化石

在气候较干燥时，湖水面积缩小，边缘会露出淤泥，近蜥龙从上面走过后，留下了足迹，这些足迹被泥沙迅速掩埋，经过千万年的时间，就形成了足迹化石。

美扭椎龙

档案号：ZLJ08

案卷名：美扭椎龙

编制单位：中华恐龙研究小组

编制日期：2020/10/10

保存期限：永远

神秘级别：☆☆☆☆

中文名：美扭椎龙
拉丁学名：EUSTREPTOSPONDYLUS
体长：5~7米
身高：约2米
体重：约1吨
食性：肉食
生活年代：侏罗纪中期
化石发现地：英格兰南部

头颅

头颅里有空腔，可以减轻身体的重量。

四肢特征

后肢强壮，前肢相对于后肢较小。

手指

美扭椎龙的掌部有三根向前的指头，形状有点像老鹰的爪子。

结实的尾巴

美扭椎龙有一根非常强壮的尾巴！

它和谁有亲缘关系？

非洲猎龙和乐山龙。

恐龙侦探

　　1841年，缺乏下颚的美扭椎龙骨骼首先由一名英国古生物学家进行描述，他认为美扭椎龙是斑龙的一个新物种；1964年，艾力克·沃克对美扭椎龙的化石进行研究和比较，发现它应该是另一个物种，然后把标本编入扭椎龙类别中，并命名为牛津美扭椎龙。

生存环境

　　美扭椎龙主要生活在侏罗纪中期的英格兰南部，当时的欧洲是一片零零散散的岛屿。

美扭椎龙与人类大小对比图

鲸龙

档案号：ZLJ09
案卷名：鲸龙
编制单位：中华恐龙研究小组
编制日期：2020/10/10
保存期限：永远
神秘级别：☆☆☆☆☆

基本信息

中文名：鲸龙
拉丁学名：CETIOSAURUS
体长：14～18米
体重：约24.8吨
食性：植食
生活年代：侏罗纪中晚期
化石发现地：非洲北部、欧洲的英格兰

身体特征

脊骨上有许多海绵状的孔洞，有点类似现代的鲸

脖子不够灵活

四肢为柱状，能稳稳地支撑着庞大的身体

鲸龙的股骨居然有两米长，相当于一个高个子男人的高度

鲸龙不是鲸

鲸龙是一种恐龙，而不是生活在大海里面的鲸！

日常小菜单

蕨类叶片、小型的多叶树木。

和鲸龙同时期的恐龙

鲸龙和斑龙、美扭椎龙生活在同一时期。

生存环境

鲸龙主要生活在泛滥平原和稀疏的森林地区。

南美洲的巴塔哥尼亚龙

巨脚龙

它的近亲是谁？

巨脚龙和南美洲的巴塔哥尼亚龙是鲸龙的近亲。

恐龙侦探

1841年，一些零星的鲸龙骨骼化石被发现；1869年，英国博物学家托马斯·亨利·赫胥黎将所发现的鲸龙化石标本定为恐龙，之后，鲸龙逐渐被人们所了解；1870年，一具不完整的鲸龙骨骼在英国牛津附近被发现；1979年，在非洲北部的摩洛哥又发现了一根鲸龙的股骨。

重龙

档案号：ZLJ10
案卷名：重龙
编制单位：中华恐龙研究小组
编制日期：2020/10/10
保存期限：永远
神秘级别：☆☆☆

中文名：重龙
拉丁学名：BAROSAURUS
体长：26～28米
体重：约10吨
食性：植食
生活年代：侏罗纪晚期
化石发现地：美国西部、坦桑尼亚

长长的尾巴

重龙的长尾巴摆动起来，可以作为防御敌人的武器。

长长的脖子

重龙的长相真奇怪，脑袋小小的，脖子却非常长，幸亏它的颈椎骨中间是空的，要不然，它很难抬起头来。

名字的含义

重龙的拉丁学名为BAROSAURUS，意思是"沉重的蜥蜴"。

像什么动物

重龙长长的脖子是不是有点儿像长颈鹿呢？

生活习性

重龙过着群居生活，这种生活方式有助于它们抵御强敌的进攻。

重龙不能长时间抬头

重龙不能长时间抬头，否则，血液可能停止流向大脑，因为它的脖子太长，使得心脏离头部的距离非常远。

生活环境

在重龙生活的地方，长着很多木贼类植物，这也是重龙特别喜欢的食物。

恐龙侦探

1889年，美国古生物学家奥塞内尔·查利斯·马什在美国南达科他州发现了第一具重龙化石，当时，他只挖掘出部分颈椎骨，直到九年后，才把剩余的部分收集齐全。

日常小菜单

针叶、木贼、松果。

剑龙

档案号：ZLJ11

案卷名：剑龙

编制单位：中华恐龙研究小组

编制日期：2020/10/10

保存期限：永远

神秘级别：☆☆☆

中文名：剑龙

拉丁学名：STEGOSAURUS

体长：约12米

身高：约7米

体重：约4吨

食性：植食

生活年代：侏罗纪晚期

化石发现地：欧洲、北美、东非、东亚

它的大脑有多大？

剑龙的大脑只有一个核桃那么大，脑容量非常小，科学家认为它是一种很笨的恐龙。

神奇的骨板

剑龙背上的三角形骨板作用强大，气温降低时，张开的骨板能吸收阳光的热量；气温升高时，骨板转动可以散热。

身体特征

尾巴上长着四根棘刺，可以用来防御敌人的进攻。

背上长着一排三角形的骨板。

中国是剑龙化石最丰富的国家

在中国四川自贡出土的剑龙化石有太白华阳龙、多棘沱江龙和四川巨棘龙。

强大的敌人

角鼻龙

异特龙

它的邻居是谁？

剑龙和梁龙等食草动物一同生活。

生活环境

剑龙居住在平原上，以群体游牧的方式生活。

形象出镜率

在美国电影《侏罗纪公园2》和《侏罗纪公园3》中，剑龙都有出场。

最完整的剑龙化石

2015年3月9日，美国发现了世界上最完整的剑龙化石。

恐龙侦探

1877年，奥斯尼尔·查尔斯·马许最早为剑龙命名。

36